영진 맘의 한글 자랑

Young Jin's Mom
Shares the Korean Alphabet

2015. 9. 14. 초판 1쇄 인쇄 2015. 9. 22. 초판 1쇄 발행 **지은이** 정원정
펴낸이 정애주
국효숙 김기민 김의연 김일영 김준표 박세정 박혜민 송승호 염보미 오민택 오형탁 윤진숙 이한별 임승철 조주영 차길환 허은
펴낸곳 주식회사 홍성사
등록번호 제1-449호 1977. 8. 1. **주소** (121-885) 서울시 마포구 양화진4길 3 **전화** 02) 333-5161 **팩스** 02) 333-5165
홈페이지 www.hsbooks.com **이메일** hsbooks@hsbooks.com
트위터 twitter.com/hongsungsa **페이스북** facebook.com/hongsungsa **양화진책방** 02) 333-5163

ISBN 978-89-365-1113-5 (03590)

홍성사.

영진 맘의 한글 자랑

정원정 글*그림

홍성사.

영진 맘의 '한글 자랑'은 이렇게 시작됐다.

영진이가 1학년 1학기를 마칠 즈음, 영진 맘은 담임인 발컬 선생님과 면담을 하게 되었다.
발컬 선생님은 영진이가 수업 시간에 잘 듣지 않고, 주의가 산만하다고 했다.

그러나…

날 닮아
그런 모양이네.
많이 듣던 소리를
영어로 듣는군.

Young Jin does not
listen during class.
He does not focus.
BUT…

아임 쏘리…

난 지금도
산만한데…

"그러나 평소에 영진이가 한국인임을 굉장히 자랑스러워해요. 우리 반에 오셔서 한국에 관한 이야기를 해주시면 어떨까요?" 하고 물으셨다. 영진 맘은 엉겁결에 그러겠다고 대답했다.

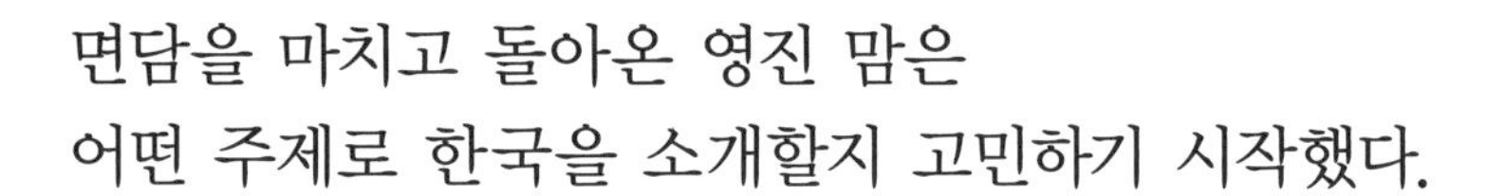

면담을 마치고 돌아온 영진 맘은
어떤 주제로 한국을 소개할지 고민하기 시작했다.

예쁜 **돌 한복**을 보여 줄까?

거북선?
반에 일본 아이가 있다던데…
일본 군을 무찌르려고 만들었다고
말하면 그 아이가 어린 마음에
상처받지 않을까?

비빔밥?
먹고 싶다…
누가 한 그릇
만들어 줬으면…

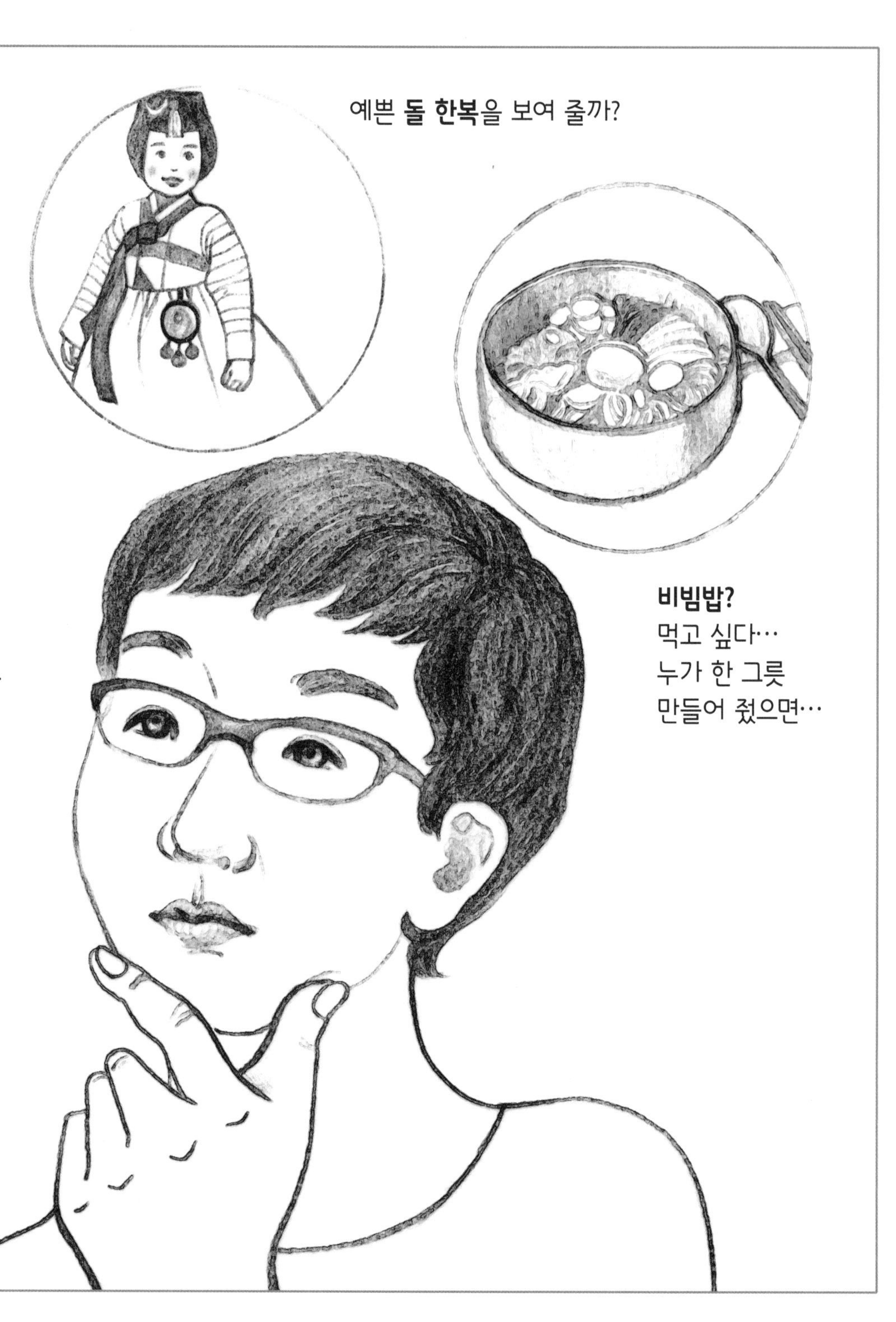

제너럴 순신 리…
이순신 장군에 대한 이야기를 해줄까?
여자아이들도 좋아할까?

전래동화
<까치호랑이>를 들려주면 어떨까?
정겨운 한국 호랑이…

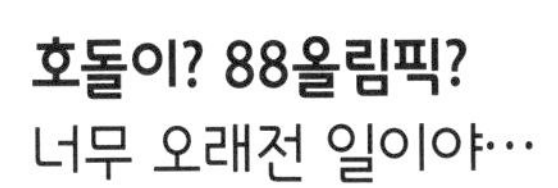

호돌이? 88올림픽?
너무 오래전 일이야…

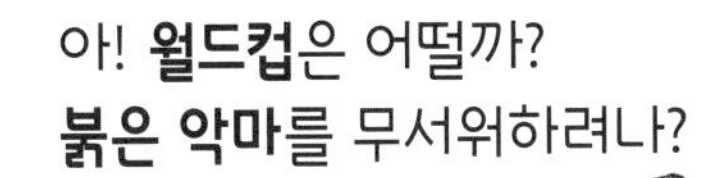

아! **월드컵**은 어떨까?
붉은 악마를 무서워하려나?

팔만대장경! 세계 최고의 목판 인쇄술인 데다
유네스코 세계기록유산이잖아.

으아… 뭐에 대해 이야기하지?
괜히 한다고 했네.

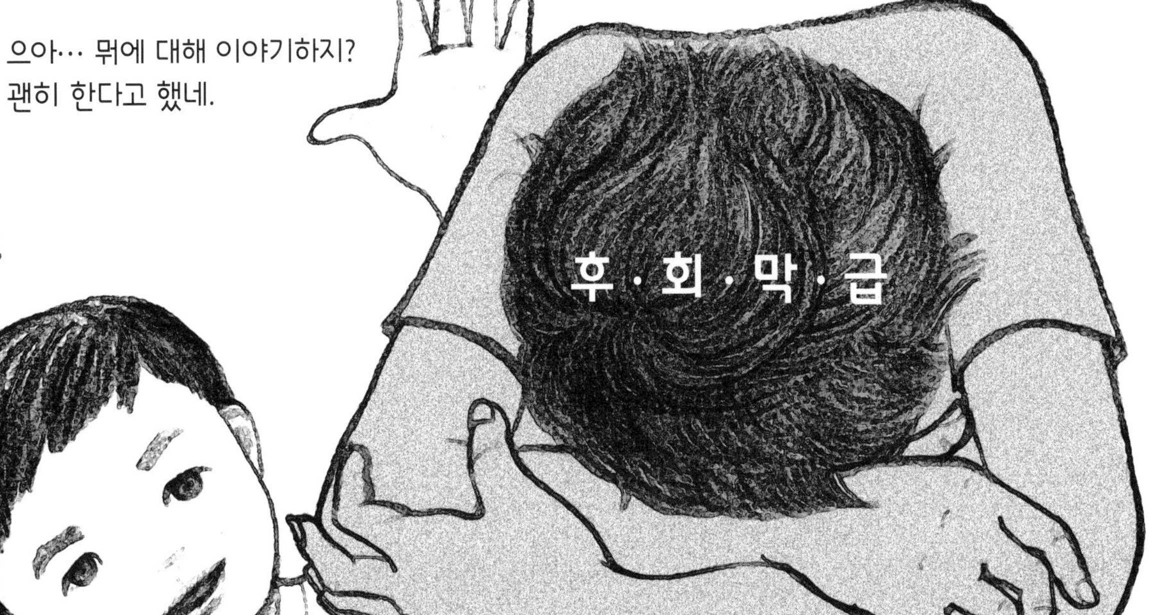

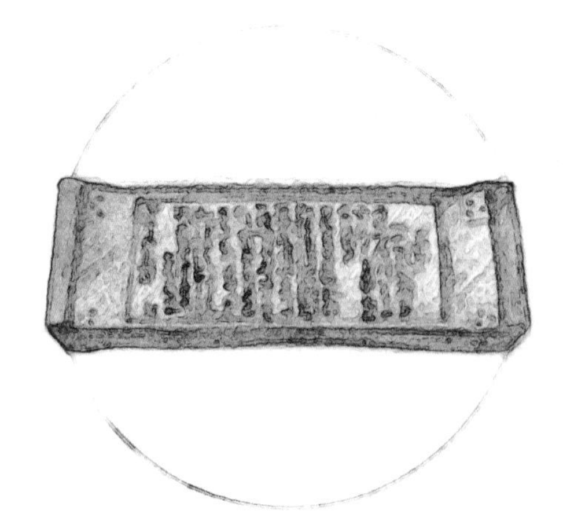

하지만 **팔만대장경**은 한문으로 되어 있어서
너무 어려울 거야. 1학년이 이해하기에는…

세종대왕…

세종대왕! 한글 창제!

유네스코 세계기록유산*!

Korean Alphabet!

* 유네스코는 1977년에 한글을 세계기록유산으로 지정했다.

그래, 한글을 가르쳐 보자!
초등학교 1학년이면 알파벳을 배우는 시기니까, 한글도 이해할 수 있을 거야!
ABCDEFG
HIJKLMNO
PQRSTUV
WXYZ
ㄱㄴㄷㄹㅁㅂㅅ
ㅇㅈㅊㅋㅌㅍㅎ
ㅑㅓㅕㅗㅛ
ㅜㅠㅡㅣ
엄마, 나 뭐 먹고 싶어.
그렇게 한글을 주제로 정했고,
곧바로…

초등학교 1학년 수준에 맞는
프레젠테이션을 만들기 시작했다.

Korean Alphabet

ㄱ ㄴ ㄷ ㄹ ㅁ ㅂ ㅅ
ㅇ ㅈ ㅊ ㅋ ㅌ ㅍ ㅎ
ㅏ ㅑ ㅓ ㅕ ㅗ ㅛ ㅜ
ㅠ ㅡ ㅣ

King Sejong

어진(초상화)을 넣을까? 동상을 넣을까?

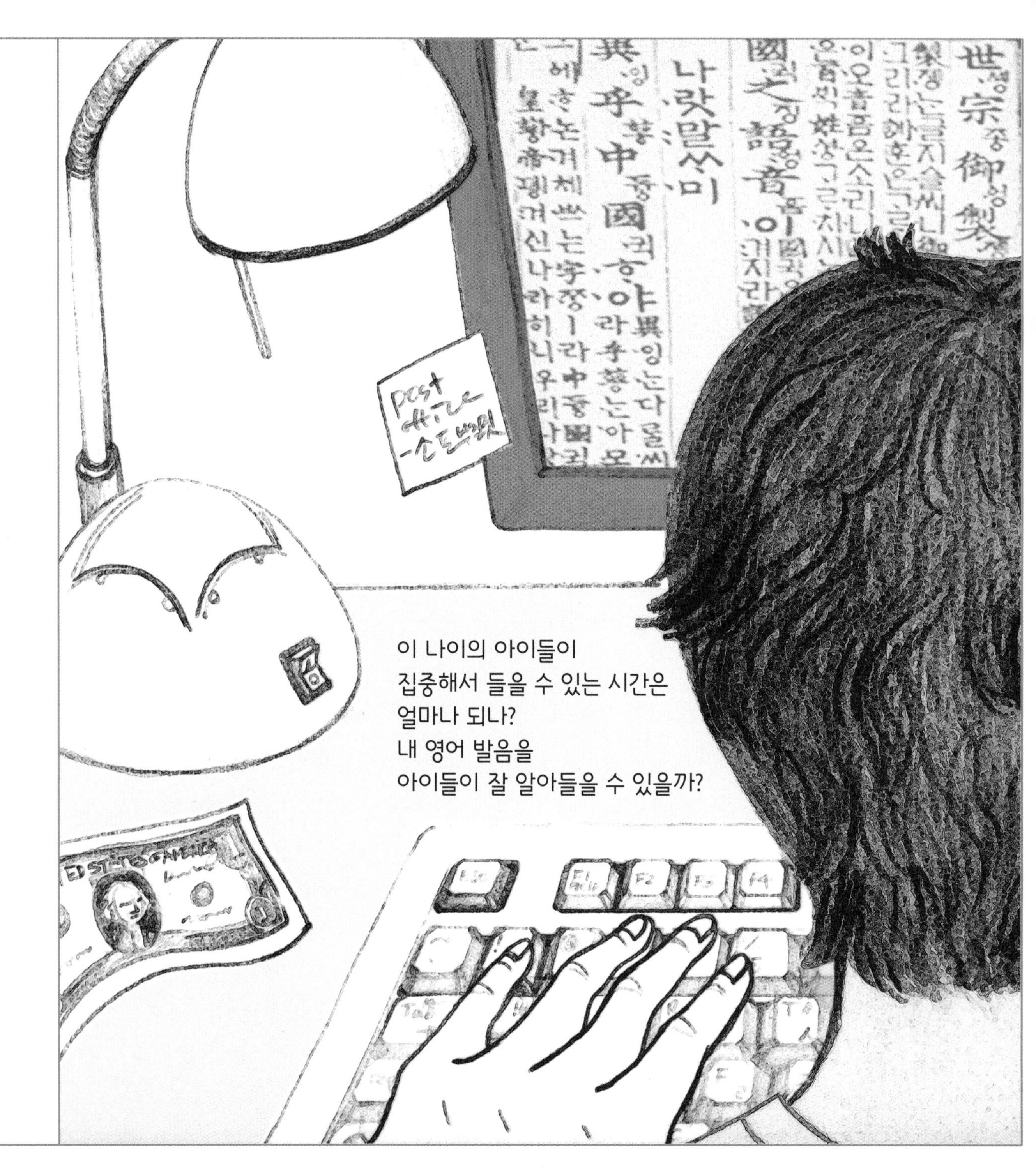

이 나이의 아이들이
집중해서 들을 수 있는 시간은
얼마나 되나?
내 영어 발음을
아이들이 잘 알아들을 수 있을까?

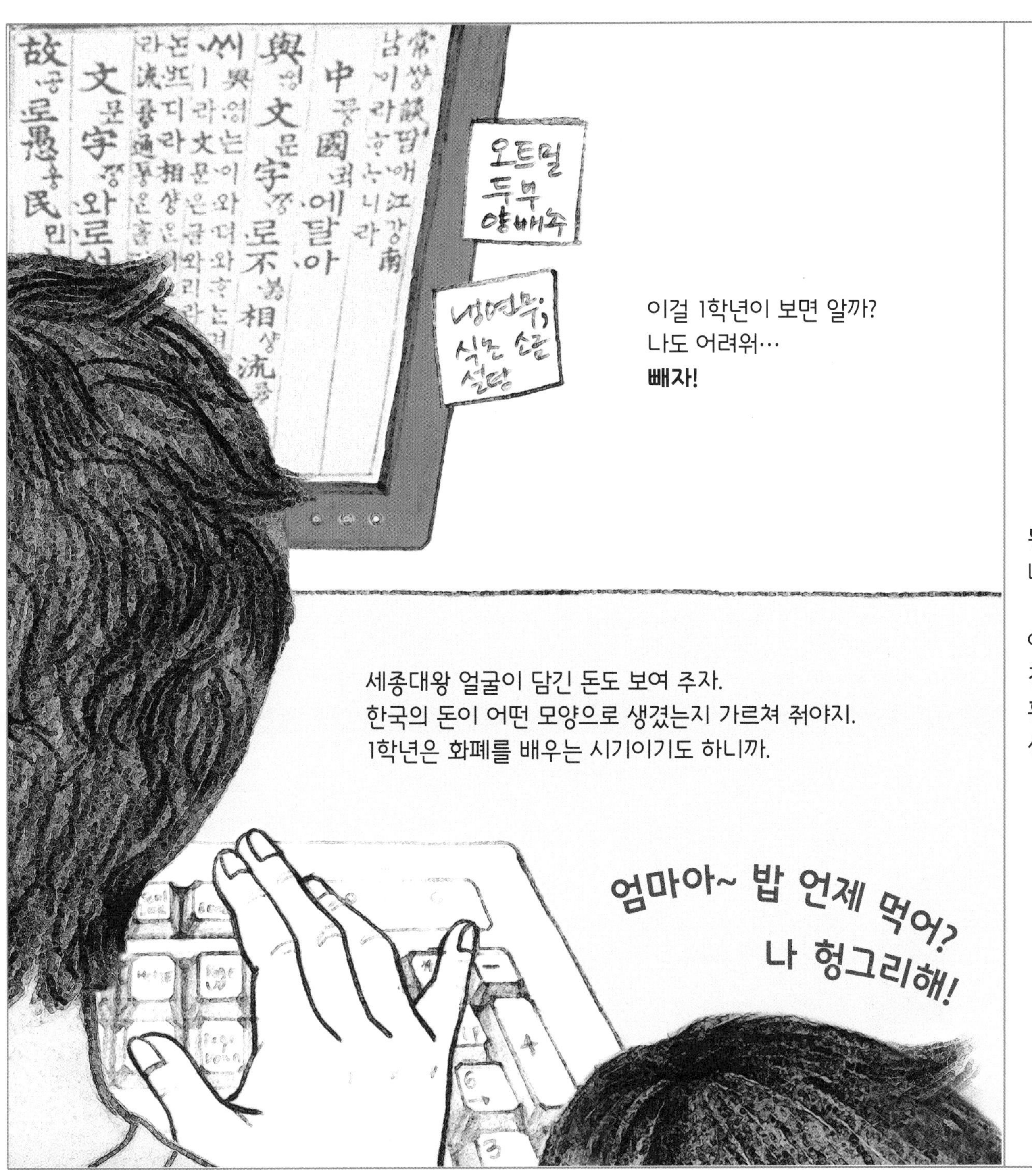

오트밀
두부
양배추
냉면육수,
식초 소금
설탕
이걸 1학년이 보면 알까?
나도 어려워…
빼자!
세종대왕 얼굴이 담긴 돈도 보여 주자.
한국의 돈이 어떤 모양으로 생겼는지 가르쳐 줘야지.
1학년은 화폐를 배우는 시기이기도 하니까.
엄마아~ 밥 언제 먹어?
나 형그리해!

그러나 그렇게 15분 분량의 소개만으로는
뭔가 부족한 느낌이 들었다.

뭔가 아쉬워…
너무 간단해…
아이들이 한글과
친해질 수 있는
활동을 추가해 볼까?
선물도 주고 싶은데…

김밥을 만들어 가져갈까? 미국에는
김 냄새를 싫어하는 아이들이 많다지…

초코파이를 가져갈까? 반에 초콜릿 알레르기*가 있는
아이가 있을지도 몰라. 음식은 안 되겠다. 통과!

* 알레르기에 유난히 민감한 미국에서는
간식을 함부로 줄 수 없다.

한글과 관련 있고,
아이들이 좋아할 만한
선물… 뭐가 있을까?

아이들이 한글의 자음과 모음을 발음하며
직접 써보게 하고, 다 써서 제출하면
선물을 주는 것으로 하자.

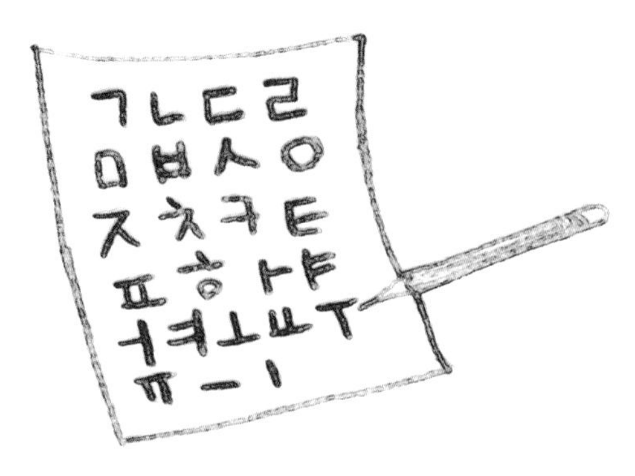

선물은 아이의 이름을 한글로 프린트한 티셔츠!
이번 여름방학에 입을 수 있겠지!

그러려면 아이들 이름과 사이즈를
알아야 하는데…
담임 선생님께 여쭤 봐야겠다.

발컬 선생님, 한국을 소개하는 시간에 대해
의논하고 싶은데요.
다시 한 번 만나 뵐 수 있을까요?

하이 미스 발컬,
아이드라이크 투 밋츄
어게인 폴 디스커싱
코리언 컬쳐 타임.
Is that English?

물론이죠!
이번 주 수요일 수업 후 3시 40분에 뵐까요?

Of course!
How about 3:40 P.M.
after class on
Wednesday?

발컬 선생님을 다시 만난 영진 맘은 '한글'을 소개하겠다고 말했다. 대강의 순서와 티셔츠 선물 계획을 이야기하자 선생님은 좋은 아이디어라며 기대감을 표했다. 날짜는 여름방학 시작하기 하루 전날인 6월 9일로, 시간은 3시에서 3시 30분*까지로 정했다.

* 미국 버지니아주 몽고메리 카운티 공립 초등학교는 3시 30분에 정규 수업을 마친다.

티셔츠는 여름에 입을 것이므로 이름에 시원한 느낌을 살려 디자인하기로 했다. 남자아이들 이름은 푸른색, 여자아이들 이름은 핑크색으로 결정했다.

명색이 일러스트레이터인데,
디자인을 대충할 수도 없고…
저 늦둥이 때문에 웬 고생이람…
콜라스
엄마 뭐해?
아직 멀었어?

<글자 디자인 과정>

포토샵 프로그램에서 이름을 타이프하고,

니콜라스

그 이름에 색을 넣고,

니콜라스

노이즈(미세한 점) 추가하고,

니콜라스

점들을 키우고(픽셀화 과정),

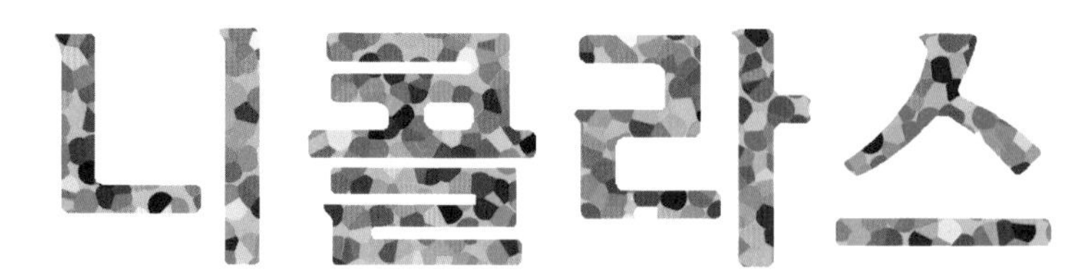

중간 값을 설정하면… 앗! 너무 뭉개졌다. 색상도 안 예뻐… 다시!

다른 색으로 타이프한 뒤에 노이즈 추가하고,

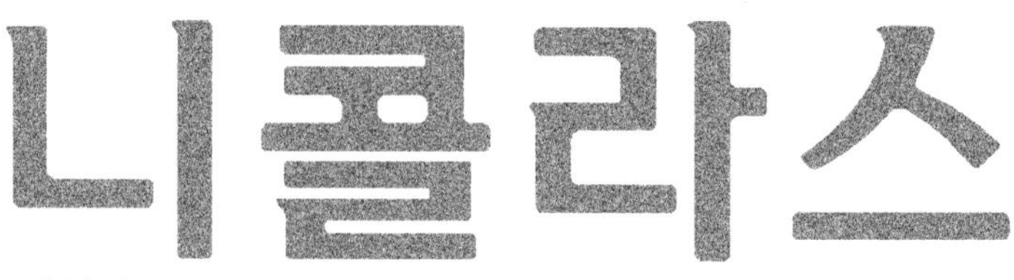

점들을 키워서,

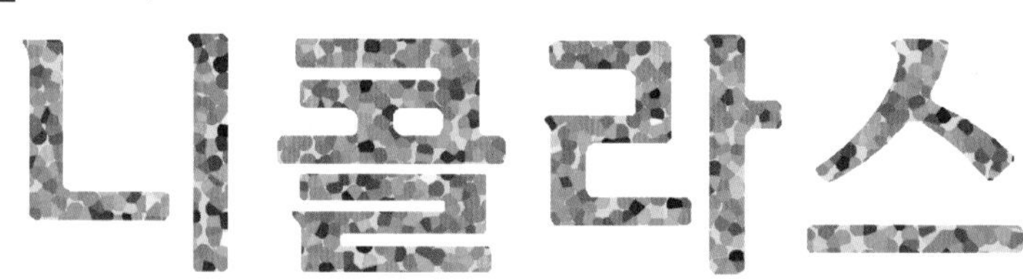

중간 값을 설정하면…

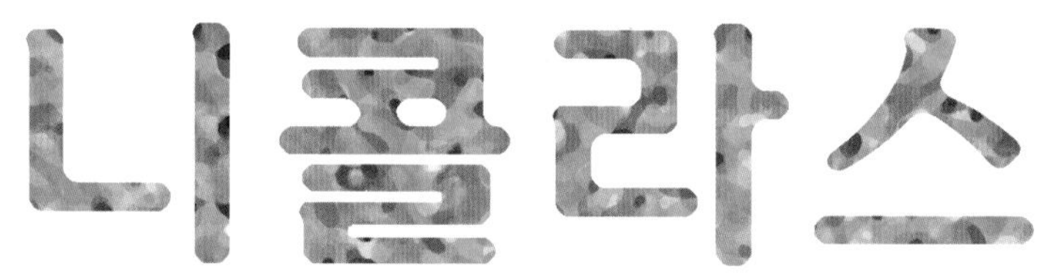

이것도 맘에 안 들어… 다시!

게브리얼 케일라 메기
딜레이니 그레이스 린지
아이아나 마리사 아유 에미

니콜라스 세쓰
어스틴 영진
에쉬튼 렌던
죠셉

아이들 이름자 앞에 특별한 수식어를 붙이는 건 어떨까? 이를테면 아주 착한, 똑똑한, 성실한…
긍정적 자아상을 심어 주고 자존감을 높여 주는 차원에서…
또 그렇게 살아가라는 축복의 의미도 되고…
한국어로 축복! 한글로 축복! 각 아이들의 장점은 잘 모르지만,
내 나름대로 정해 보지 뭐. 잠재된 장점들이 발아하도록…

항상 행복한 메기
언제나 즐거운 린지
굉장히 명랑한 게브리얼
언제나 기쁨 넘치는 그레이스
아주아주 씩씩한 세쓰
아주 다정다감한 영진
언제나 밝은 마리사
아주 많이 똑똑한 에쉬튼
마음이 따뜻한 에미
아주 똑똑한 아유
아주아주 슬기로운 니콜라스
언제나 명랑한 케일라
아주아주 지혜로운 렌던
굉장히 다정한 죠셉
아주아주 현명한 딜레이니
언제나 명랑한 어스틴
아주아주 성실한 아이아나
세상에서 제일 멋진 발컬선생님
The best teacher in the whole world

만세!
글자 디자인 완성!
나도 만세!

곧장 마트에 가서 티셔츠도 사고,

이 정도 사이즈면 맞겠지? 한 봉지에 세 개씩 들어 있으니 여섯 봉지 사면 되겠다.

티셔츠 전사 용지도 구입했다.

프린트된 용지를 티셔츠에 얹고, 얇은 헝겊으로 덮은 뒤 다리미로 45초간 누르라고… 흠흠…

전사지에 출력된 것을 얹어서
다림질을 해야 하기에,
전사 용지를 출력할 때는 좌우를
뒤집어서 작업해야 했다.

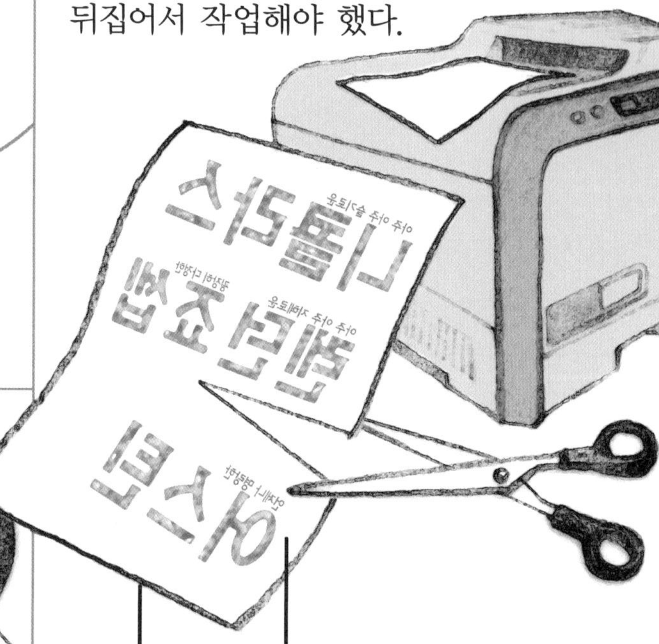

티셔츠에 직접 닿는 면,
뒷면은 다리미가 닿는 면.

티셔츠 작업에 온 식구가 동원되었다.
전사 용지에 프린트된 이름들을 오리고, 45초간 다리미질을 하고,
전사된 용지를 티셔츠에서 떼어 내고…
딸!
엄마 좀
도와줘!
OK.
꾹꾹 눌러서…
이름이 티셔츠 위에
잘 프린트되어야 할 텐데…
에구 손목이야…
엄마, 6초 남았어.
엄마, 나도 다리미질해도 돼?
건드리지 마라, 이 늦둥아…

티셔츠 완성!

영진 맘은 한글 소개 시간에 9학년(고등학교 1학년)인 영진이 누나를 데리고 가기로 했다. 한복을 가져가서 갈아입힌 뒤 한복이 얼마나 예쁜지도 자랑하고, 티셔츠에 프린트된 수식어의 뜻도 설명해 주기 위함이었다.

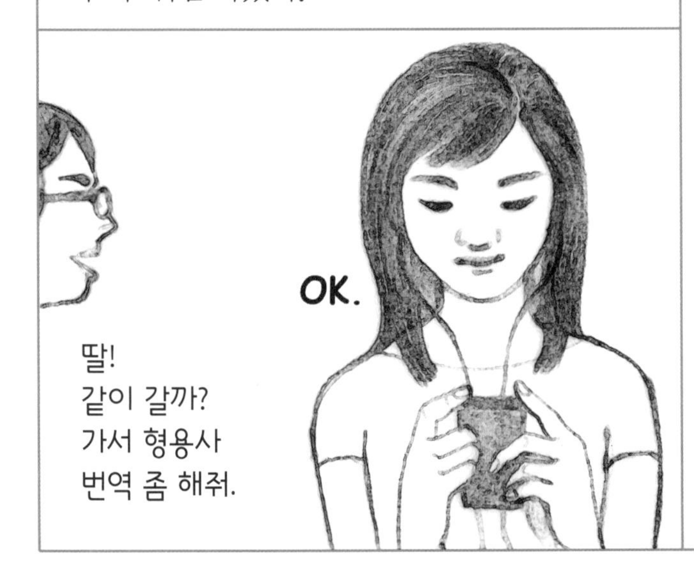

딸!
같이 갈까?
가서 형용사
번역 좀 해줘.
OK.

준비물:

1. 진행 순서

진행 순서
3:00 영진 맘과 누나 소개
3:00~3:15 한글 소개
3:15~3:20 한글 쓰기 체험 학습
3:20~3:30 선물 증정, 단체 사진 촬영

2. 한국 지폐 만 원
미국 지폐 1달러

3. 노트북 컴퓨터
: 엄청 오래된 것
(프로그램이 돌아가는 자체가 기적)

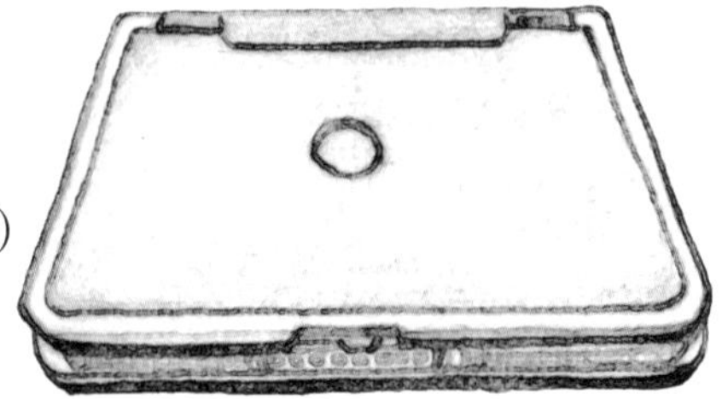

4. 프로젝터
: 이것 또한 10년도 넘은 기종

5. 연결 코드들

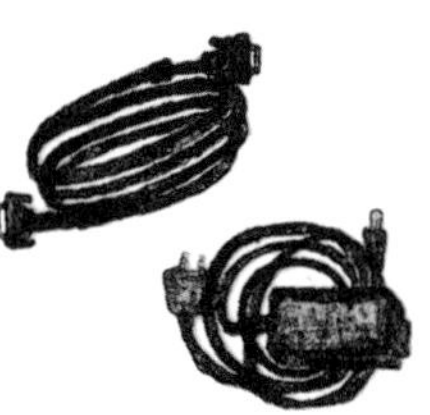

6. 선물용 티셔츠 꾸러미

7. 카메라
: 단체 사진 촬영을 위해

8. 한복
: 2000년 삼촌 결혼식 때 영진 맘이 입었던 것. 영진이 누나에게는 조금 짧지만 그냥 입히기로 했음.

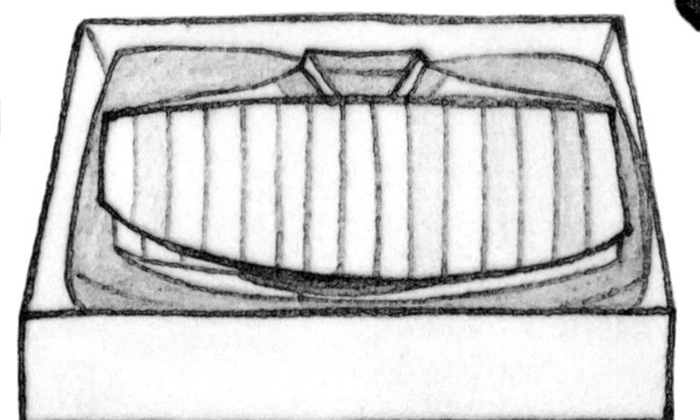

9. 종이
: 한글 쓰기 체험 학습용

드디어 당일, 영진 맘은 2시 30분*에 수업을 마친 영진이 누나와 함께 영진이가 다니는 학교인 킵스 엘리멘트리를 향했다.

* 미국 버지니아주, 몽고메리 카운티 공립 고등학교는 2시 30분에 정규 수업을 마친다.

2:40 P.M.

학교 사무실의 방문자 명단에 사인.

2:45 P.M.

화장실에 가서 영진이 누나의 한복 고름 매줌.

2:55 P.M.

담임 선생님께 도착했음을 알림.

3:00 P.M.

아이들이 교실에 들어오기 전까지 컴퓨터와 프로젝터 연결하고, 스크린 펴고, 티셔츠와 지폐 꺼내고, 누나 앉을 자리 마련.

3:00 P.M.

Hi, Everybody.
I'm Young Jin's mom.
I'm a children's book
illustrator and writer.
And this is Young Jin's
sister, Hanna.
She is in high school.
She is wearing a Korean
traditional dress,
called 'Hanbok'.
I am here to introduce
the Korean Alphabet
to you.

Hi

영진 맘과 누나 소개

안녕, 얘들아.
난 영진 맘이야.
아줌마는 그림책 만드는 일을 하고 있지.
내 옆에 있는 사람은 영진이 누나인
한나라고 해. 누나는 9학년이고,
누나가 입은 드레스는 한국 전통
의상 '한복'이란다.
지금부터 아줌마가 한국의
알파벳에 대해 가르쳐 줄게.

바깥 놀이 시간이 끝나고 교실로 돌아온 영진이 반 친구들은 모두 자리에 앉아 호기심에 찬 눈으로 영진 맘과 누나를 바라보았다. 한글을 소개하는 프리젠테이션은 옆 반 학생들도 함께 듣고, 체험 학습은 영진이 반만 진행하기로 했다. 옆 반과의 합류*는 그 반 담임 선생님의 요청으로 당일 날 갑자기 정해졌다.

* 이 학교에서는 가끔 두 반이 파티션을 열고 함께 수업을 한다.

3:00 P.M.~3:15 P.M.

프리젠테이션 화면 다섯 장으로 초등학교 1학년 수준에 맞게 한글 소개를 구성했다.
7~8세의 평균 집중 시간이 15분 정도라 하여 그 시간 내에 마치도록 맞추었다.

한글 소개

자, 시작해 볼까?
코리안 알파벳은 이렇게 생겼단다.
굉장히 쓰기 쉽고 복잡하지도 않아.
우리는 이것을 '한글'이라고 부른단다.
이 프리젠테이션 후에 함께 써보자.

Let's start!
This is the shape of the Korean Alphabet.
It is very easy to write, not complicated at all.
We call it 'Hangeul'.
You will practice writing the Korean Alphabet
at the end of this presentation.

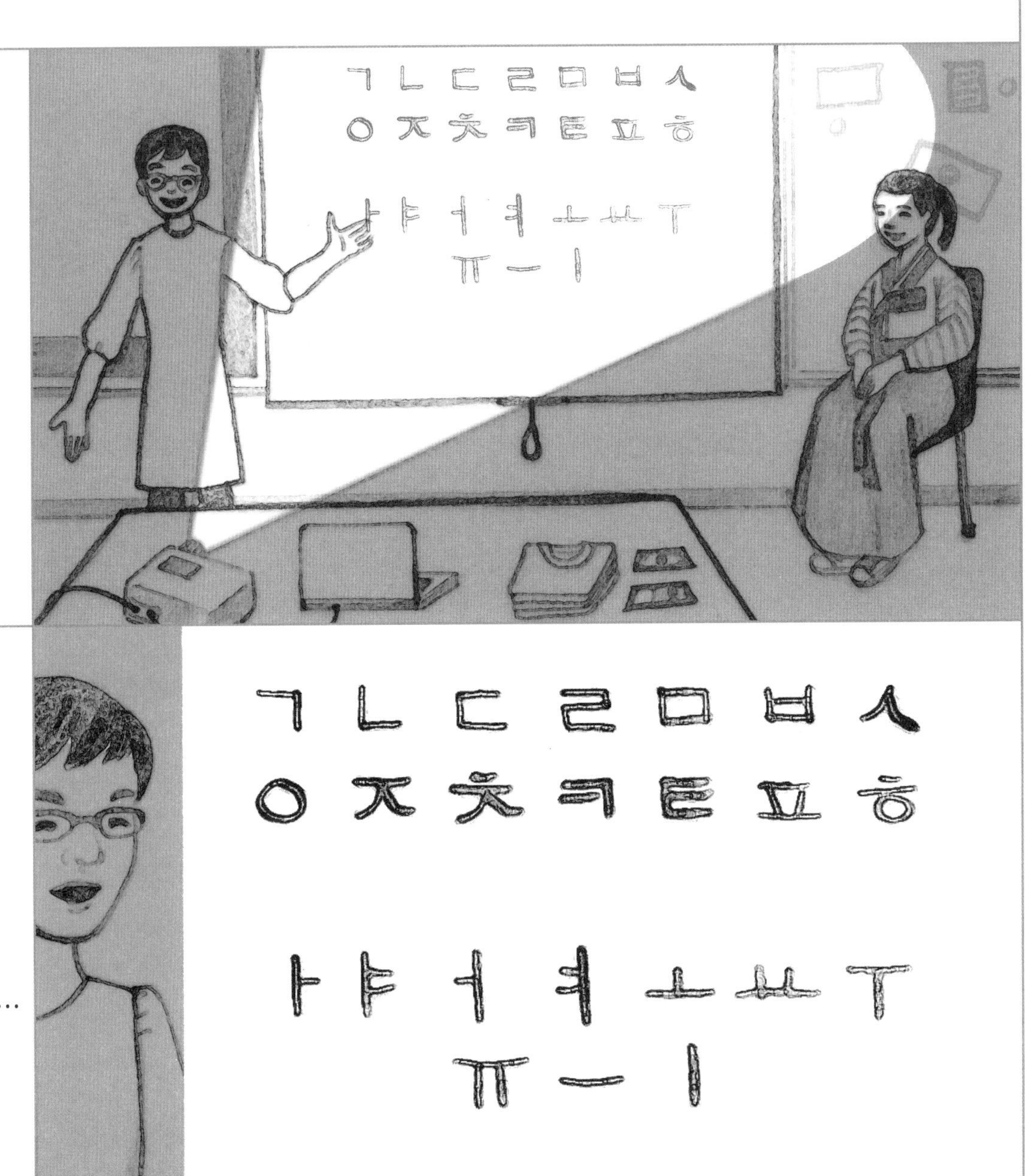

여기 윗부분은 '자음'이고, 아랫부분은 '모음'이야.
자음은 기역, 니은, 디귿, 리을… 하고 읽고,
모음은 아, 야, 어, 여… 하고 읽지.
자음과 모음을 합치면 하나의 글자가 된단다.

The upper part is 'consonants' and
the lower part is 'vowels'.
We read these consonants, Giyeok, Nieun, Digeut, Rieul…
And read these vowels, A, Ya, Eo, Yeo…
When we combine one of these consonants with
one of these vowels, it becomes a letter.

King Sejong

이 글자는 누가 만들었는 줄 아니?
세종대왕이라는 왕이 만드셨단다. 600년 전에 말야.
이것은 그분의 어진(초상화)이야. 왕좌에 앉아 계신 모습이지.
세종대왕은 백성을 많이 사랑하셨단다.
그래서 백성이 쉽게 사용할 수 있는 글자를 만드신 거야.

Do you know who invented the Korean Alphabet?
The King known as Sejong the Great created this alphabet 600 years ago. This is his royal portrait. He is seated on his throne. He was a king who dearly loved his people.
So he made an alphabet that was easier to learn for the common people.

왕이 만드신 거라구!
백성을 위해 글자를 만든 왕의 얘기를 들어본 적 있니?
It is a king! Who created letters for his people!
Have you ever heard about any other king who invented an alphabet for his people?

No...

아줌마도 들어본 적이 없어. 참 따뜻한 마음을 가진 분이지?
그래서 한국 사람들은 세종대왕을 굉장히 존경한단다.
Me neither, what a kind-hearted king he was!
Koreans deeply restpect him.

여기 1불 지폐에
누구 얼굴이 있지?

Look!
Who is on the dollar bill?

George Washington!
조지 워싱턴 대통령!

맞아! 한국 지폐에도 세종대왕의 얼굴이 있단다. 이것은 만 원권이야. 10불에 해당하지.
조지 워싱턴이 미국의 훌륭한 지도자였듯이 세종대왕은 한국의 위대한 왕이었단다.

Right! We also print King Sejong's portrait on Korean money. This is a Manwon which is the same as a 10dollar bill.
Like George Washington who was a wonderful leader in the United States, King Sejong was the greatest king in Korea.

이분들은 세종대왕이 글자를 만들 때 함께 도운 학자들이야.
And these are the scholars who helped King Sejong create these letters.

여기까지 이야기하고 있는데, 갑자기 영진이가 손을 번쩍 들더니 한국어로 말했다. “엄마, 거북선 얘기해 줘.”
친구들의 열띤 호응을 보고 거북선도 자랑하고 싶었던 것이다.
아무래도 평소에 얘기해 준 것들을 소홀히 듣지 않았던 모양이다.
영진 맘은 “그 이야기는 다음에 하자” 하고는 다음 화면으로 넘어갔다.

깜짝!

? ? ?

OMMA, GEOBUKSUN YEGIHEJO.

한글 창제 이전에 한국 사람들은 이런 중국 글자를 사용했단다.
Koreans used to use Chinese symbols before the invention of the Korean Alphabet.

이 대목에서 옆 반의 중국인 친구 케빈이 벌떡 일어나 외쳤다.
“나 그 글자 알아요!”
“그렇구나! 그런데 한국 언어와 중국 언어는 다르기 때문에 세종대왕이 새로운 글자를 창제하신 거란다. 모든 한국인이 읽고 쓰기에 편한 글자를 만드신 거야.”

“Really? Since Korea and China have different languages, by inventing a new alphabet, King Sejong made it so that every Korean could read and write.”

한글 쓰기 체험 학습

자, 그럼 우리 한번 한글을 써볼까?
(이때 옆 반은 자기 교실로 돌아갔다. 미리 합반하는 줄 알았더라면 좋았을 텐데…)

아줌마가 한글을 칠판에 쓰면서 읽을 테니, 너희는 따라 읽으며 나눠 준 종이에 써보렴.
다 써서 내는 친구들에게는 특별한 선물을 줄게. 너희 이름을 한글로 프린트한 티셔츠란다.
큰 글씨는 이름이고, 작은 글씨는 너희의 장점을 표현한 거란다. 그 뜻은 영진이 누나에게 물어보면 알려 줄 거야.

아이들은 감탄할 정도로 발음을 정확히 따라했다. 소리만 들으면 한국 아이들이라고 착각할 정도였다. 일사불란한 어린 친구들 수업 태도에 영진 맘은 신이 났다. 아이들이 제대로 따라와 줄까 염려했던 마음이 눈 녹듯 사라지는 순간이었다.

기역!

니은!

디귿!

리을!

3:20 P.M.~3:30 P.M.
티셔츠 전달과 설명
Can I come over to Young Jin's house? 영진이네 놀러 가도 돼요?
슈어! 유 캔 컴!
What does this mean? 이게 무슨 뜻이에요?
That means you are very very smart. 넌 아주아주 지혜롭다는 뜻이야.
아유
아주 아주 지혜로운 렌던
Yay! I'm always cheerful! 야! 나는 언제나 즐거워!
언제나 즐거운 린지

이것은 발컬 선생님 티셔츠예요. 고마워요!

내 이름을 한국어로 이렇게 쓰는구나. 멋지다!

난 아주 똑똑해!

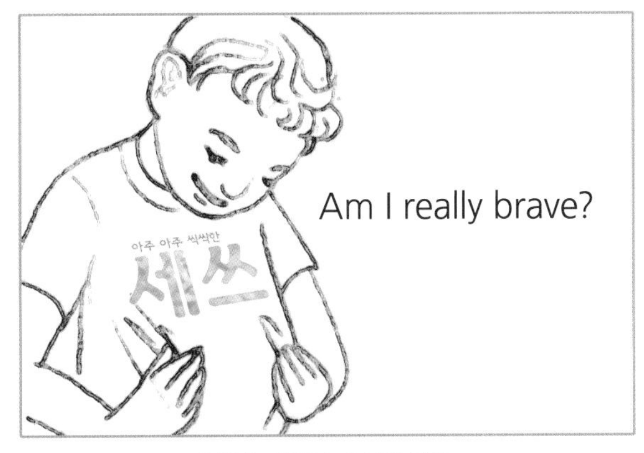

내가 진짜 씩씩해?

이것 봐! 내 이름에도 똑같은 글자가 있어.

내가 다정하다는 걸 영진 맘이 어떻게 알았지?

난 성실해!

새 티셔츠가 맘에 들어.

짱이야!

3:30 P.M.

단체 사진 촬영

티셔츠를 받은 아이들은 무척 기뻐하며, 티셔츠를 입고 함께 사진을 찍자는 영진 맘의 제안에 즉시 동의했다. 영진 맘의 한글 자랑은 이렇게 즐겁게 끝마쳤다.

다음 날, 영진이는 학교에서 거대한 땡큐 카드를 갖고 온다.

Thank You!
We enjoyed having you!
We love our shirts!
Ms. Barker
Grace
Kayla
Lindsey
Maggie
Nicholas
Young Jin
Ashton
Austin
Gabrielle